Johann Anton Niemeyer

Anweisung wie die Anfangsgründe der ganzen

Universalhistorie

in einer periodisch-synchronistischen Tabelle, welche den Anfängern zum

Besten in Form eines Landchartenbogens abgefasset worden, am

bequemsten gebraucht werden können.

Johann Anton Niemeyer

Anweisung wie die Anfangsgründe der ganzen Universalhistorie
in einer periodisch-synchronistischen Tabelle, welche den Anfängern zum Besten in Form eines Landchartenbogens abgefasset worden, am bequemsten gebraucht werden können.

ISBN/EAN: 9783743657038

Hergestellt in Europa, USA, Kanada, Australien, Japan

Cover: Foto ©berggeist007 / pixelio.de

Weitere Bücher finden Sie auf **www.hansebooks.com**

Anweisung
wie die
Anfangsgründe
der ganzen
Universalhistorie
in einer periodisch = synchronistischen
Tabelle,
welche den Anfängern zum Besten

in Form eines Landchartenbogens
abgefasset worden,

am bequemsten gebraucht werden können.

worinnen zugleich
ein kurzer Abriß
des Zusammenhanges der ganzen Geschichte
enthalten ist.

herausgegeben
von
Johann Anton Niemeyer
Inspectore des Königlichen Pädagogii zu Halle.

Andere Auflage.

Halle, im Waysenhause. 1761.

Vorerinnerung.

Bey der gegenwärtigen andern Auflage, sowol der historischen Tabelle, als dieser Anweisung, ist keine erhebliche Veränderung, außer einigen neuen Zusätzen, vorgenommen worden. Die Veranlassung zu dieser historischen Arbeit und ihre Einrichtung habe in den Vorreden zur achten und neunten Auflage der Universalhistorie des sel. Herrn Insp. Freyers, kürzlich erzählet.

Daß dieser Versuch geneigten Beyfall gefunden, ist mir daher billig angenehm, weil ich denselben als einen Erfolg der würcklichen Erhaltung des abgezielten Nutzens ansehen zu dürfen, hoffe.

Verschiedene Freunde haben außer dieser allgemeinen Tabelle, noch einige besondere von mir verlangt. So groß aber auch meine Willigkeit immer seyn mag, so wenig sehe mich vorjetzt zu diesem Vornehmen im stande.

Der kurze Abriß des Zusammenhangs der ganzen Historie ist vielen angenehmer, als

A 2   die

die Tabelle selbst, gewesen. Auf geschehenes Erin=
nern ist derselbe mit grösserer Schrift und anjetzo,
als ein Anhang, gedruckt.

Einem gelehrten, mir unbekannten Gönner, der
mich ohne Unterschrift seines Namens und Woh=
nungsorts mit einem Schreiben und sorgfältig auf=
gesuchten Zusätzen zur Tabelle, beehret hat, statte hie=
durch öffentlich den verbindlichsten Dank ab. Nur muß
doch dabey erinnern: theils, daß schon beym ersten
Setzen der Tabelle vielmehr gesetzt worden, als her=
nach aus Mangel des Raums hat stehen bleiben
können, indem oft nicht einmal für einen einzigen
Buchstaben Platz übrig geblieben: theils,daß mir eini=
ge von den Zusätzen für Anfänger in der That viel
zu gelehrt,einige aber ohne Noth zu ängstlich vorgekom=
men: und, theils, daß ich mit allem Bedachte den
Abriß der Historie, nicht in Fragen und Antworten
abgefasset, als welche letztern den Lehrern überlasse.
Kinder müssen erst die Sache wissen, die sie beant=
worten sollen. Dieser Verschiedenheit unserer Mei=
nungen ohngeachtet, glaube, daß wir in den Haupt=
sachen gleiche Gedanken haben. Ich hätte gern die
übersandten Zusätze hier ganz abdrucken lassen: aber
der Raum verbot es.

In der nachfolgenden Anweisung ist einiges
weggelassen, das anjetzo keinen Nutzen mehr hat.
Es fängt das folgende mit dem andern §. der ersten
Ausgabe an, weil der Inhalt des ersten §. schon in
dieser Vorerinnerung enthalten. Halle den 23sten
November 1761.

J. A. Niemeyer.

§. 1.

Anweisung
wie die historische Tabelle zu gebrauchen.

§. 1.

Man hat in dem vorigen, und sonderlich in diesem Jahrhunderte verschiedene Versuche gemacht, den Anfängern die Erlernung und andern die Wiederholung der Historie zu erleichtern. Diese Versuche sind so mannichfaltig und seit einigen Jahren so zahlreich geworden, daß ihre Erzählung und Beschreibung, ohne weitläuftig zu seyn, mehr als einen Bogen ausfüllen würde. Man hat Auszüge; kurze Abrisse; summarische Vorstellungen; Bilder; Kupferstiche; Tabellen, und mehrere solcher Hülfsmittel verfertiget, diese weitläuftige Wissenschaft faßlicher und begreiflicher zu machen. Unter allen diesen Hülfsmitteln machen die Tabellen die größte Anzahl aus. Aber so zahlreich sie sind, so mannichfaltig ist auch ihre innere und äussere Einrichtung, indem sie fast sämmtlich einen verschiedenen Umfang haben und entweder mehrere oder wenigere Theile der Geschichte vorstellen wollen. Auch das Format trägt viel zu dieser Verschiedenheit, und selbst zur Brauchbarkeit oder mehrern Unbrauchbarkeit derselben bey.

§. 2. Christoph Schraders *Tabulæ chronologicæ* sind sehr bekannt und mit Mühe verfertiget. Sie sind im vorigen Jahrhunderte herausgegeben, nachher bis in die ersten Jahre des jetzigen Säculi fortgesetzt und mehrmalen in Octav und einigemal in Folio wieder aufgelegt worden. Sie fangen von der Schöpfung der Welt an, und berühren alle Haupttheile der Geschichte. Gottfried Arnolds *Tabula chronologica*, die in Leipzig bey Th. Fritsch gedruckt worden, bestehet aus drey Bogen, die an einander geklebt werden müssen. Sie enthält die Geschichte von

A 3 der

der Geburt unsers Heilandes bis aufs Jahr 1697. und
hat noch Raum, weiter ausgefüllet zu werden. Sie enthält die Namen der Römischen Kayser, einige Könige, und
vornemlich die Merkwürdigkeiten aus der Kirchenhistorie.
Beyde sind lateinisch geschrieben. In Johann Julii
Pätts zu Helmstädt in gebrochen Folio gedruckten *epi-
tome chronologicarum tabularum*, oder Kurzem Begriffe
der Zeitrechnungstafeln, ist die Geschichte der Welt von
der Schöpfung an, bis aufs Jahr 1699. enthalten. Es
ist dieser Aufsatz, der theils lateinisch, theils teutsch abgefasset ist, eigentlich für einige junge Leute verfertiget,
die der Verfasser damals in seinem besondern Unterrichte
hatte. M. S. G. Lehmanns chronologische Tabellen
von Erschaffung der Welt bis auf das Jahr 1700
nach Christi Geburt, sind in Freyburg in Folio gedruckt
worden. Es scheinet beynahe, daß sie Bogenweise herausgegeben sind, weil auf jedem Bogen der Name des Ver-
fassers und die Versicherung wiederholt ist, daß sie zum
Privatgebrauch ausgefertiget worden. *Henrici Mascam-
pii Professor*. Duisburg. *Tabulæ chronologicæ*, welche zu
Amsterdam und Leipzig 1717 in lang Folio herausgekommen, und die weltliche, Kirchen- und Gelehrtenhistorie
vom Anfange der Welt bis ins jetzige Jahrhundert enthalten, sind mit vieler Geschicklichkeit und grossem Fleisse verfertiget, aber auch seit einigen Jahren rar worden. Sie
sind lateinisch geschrieben. Bald nachher, nemlich 1719.
ist in Leipzig und Görlitz, *Historia in tabulis*, oder Tabellen, darin die politische Universalhistorie, aus dem
ersten Theile der historischen Fragen Hrn. Hübners,
verfasset von Joachim Friedr. Hufnagel, Rectore in
Crossen, herausgekommen. Zu gleicher Zeit ist der andere Theil der Hübnerischen Fragen von ihm in eine Tabelle gebracht. Ob die übrigen Theile auch tabellarisch
vorgestellet worden, ist mir nicht bekannt. Diese beyden
sind in Folio gedruckt worden. Von einer werthen Hand
habe kürzlich eine andere historische Arbeit erhalten. Der
Titul ist: *Carte pour conduire à l'intelligence de l'histoire
sacrée,*

*ſacrée, qui renferme en abrégé la généalogie, la géogra-
phie & la Chronologie de l'hiſtoire ſainte par Mſr. C.*
Uuten ſtehet *à Amſterdam chez la compagnie des Frères
Chaſtelain,* aber das Jahr der Ausgabe iſt nicht ange=
merkt. Dieſe Arbeit iſt ſehr künſtlich, und beſtehet auß
vier in Kupfer geſtochenen Bogen, die alle unter einander
geklebt werden müſſen, wodurch die Charte beynahe eine
Mannslänge erhält, und alſo ſchwerer überſehen werden
kan, als bey ihrer ſchönen und mühſamen Einrichtung
zuträglich iſt. Sie beziehet ſich allein auf die bibliſche Ge=
ſchichte vom Anfange der Welt bis auf die Geburt JEſu
Chriſti. Unvermuthet finde eben dieſe Charte ſowol in
der franzöſiſchen Bibel die Mſr. Oſterwald bey Zachar.
Châtelain herausgegeben, als auch in dem Atlas hiſtori-
que pr. Mſr. C. (welcher 60 rthlr. koſtet) und erfahre,
daß der alte Buchführer Châtelain Verfaſſer von dieſer
Arbeit ſey, und ſeinen Namen mit Vorſatz nicht habe
wollen ganz ausdrucken laſſen. Es kan wol ſeyn, daß
dieſe Charte zum Gebrauch der heiligen Schrift verfertig
get worden. Des Abts *Lenglet du Fresnoy Tables chronologiques,* welche auf vier groſſen Bogen in Paris (zu=
letzt 1733) herausgekommen, und von deren Einrichtung
ſeine Tablettes chronologiques Nachricht *eben, ſind ein
eben ſo groſſes Meiſterſtück des Papiermachers und Kup=
ferſtechers, als des Verfaſſers, indem ein jeder Bogen,
und beynahe auch die Kupferplatte völlig ſo groß iſt, als
fünf gewöhnliche Foliobogen, wenn die Hälfte neben ein=
ander, und die andere Hälfte unter dieſe geklebet werden.
Es koſten aber auch dieſe vier Bogen 2 rthl. 18 gl. bis 3
rthl. und auch 3 rthl. 12 gl. Die beyden erſten Bogen
enthalten die Hiſtorie des Alten, und die beyden anders
des Neuen Teſtaments. Er hat ſich blos in die weltliche
Hiſtorie eingeſchränkt, einige Evenements particuliers aus=
genommen, die ſich im Neuen Teſtamente faſt allein auf
die Synoden und Concilia beziehen. Unter dem Titul
der Hiſtoire de l'égliſe iſt nichts als die Reihe der Päbſte
zu finden, welche er ſehr ſorgfältig angemerkt hat. Des

A 4   Hrn.

Hrn. Prof. Theodor Bergers Synchronistische Uni:
versalhistorie, welche in Coburg einigemal in Folio wie:
der aufgeleget worden, ist bis jetzo das einige Buch in sei:
ner Art geblieben, und mit grosser Geschicklichkeit ausge:
fertiget worden. Sie beziehet sich zwar fast allein auf die
Geschichte der Reiche und Staaten, es sind aber unter ei:
nem jeden Reiche die vornehmsten Gelehrten desselben ange:
merkt worden. *Mappe-monde historique, ou charte chro-*
nologique, géographique & généalogique des Etats & Em-
pires du Monde redigée par le Sr. Barbeau de la Bruyere,
oder besser *Jean d'Artois, Prêteur & Docteur de la Fa-*
culté de Paris, habe noch nicht erhalten können, daher
auch keine weitere Nachricht davon geben kan, als daß sie
sehr künstlich seyn und 3 Ducaten kosten soll. Zu den
neuesten historischen Tabellen gehören noch zwey Arbeiten,
nemlich die allgemeine Völkerhistorie rc. welche 1756.
in der Realschule zu Berlin in drey grossen Bogen her:
ausgegeben worden, die an einander geklebt werden müs:
sen. Sie enthalten die weltliche Geschichte, oder die Ge:
schichte der Reiche, welche seit der Sündfluth bis zur Ge:
burt Christi gewesen sind, und sind mit vieler Mühe ver:
fertiget. Die Erläuterung dieser Tabelle führet den Ti:
tul: Erläuterung einer historischen Tabelle der all:
gemeinen Völkerhistorie von Erschaffung der Welt
bis auf Christi Geburt 1756. Die andere Schrift ist
unter der Aufschrift: Zehen Geschichtstafeln auf wel:
chen die Geschichte des Volks GOttes, der vier Mo:
narchien und des Sachsenlandes, nebst der Kirchen:
geschichte neues Testaments, und der Geschichte der
Weltweisheit rc. vorgestellet werden. Altenburg,
in der Richterischen Buchhandlung. 1757. Sie sind
in lang Folio, wie die Hübnerischen genealogischen Ta:
bellen abgedruckt, und wie der ungenannte Verfasser und
die Einrichtung selbst saget, blos zum Privatgebrauch be:
stimmt. (* Um der ersten Ausgabe willen folgt §. 4.)

§. 4. Die hier geschehene Anzeige einiger historischen
Tabellen, ist in Vergleichung mit denen, die noch hinzu

gethan

gethan werden könnten, sehr geringe, aber doch groß genug, um zu bemerken, daß es an Tabellen an sich nicht
fehle. Da aber die Einrichtung eines solchen Hülfsmit-
tels sehr verschieden, und nach mehr, als einer Absicht gemacht werden kan; so glaube, daß diese periodisch-syn-
chronistische Tabelle um deßwillen bey allen vorhergehenden noch wol bestehen könne; weil sie ganz allgemein
abgefasset, und auf einen so geringen Preiß, als nur irgend
möglich gewesen, gesetzet worden. Mein Vorsatz ist überhaupt dieser gewesen, von der ganzen Historie eine solche
Vorstellung auf einer einigen Charte zu entwerfen, die
eben den Dienst in einem Atlante historico, wenn man
dergleichen hätte, thun solte, den die Charte vom Globo
in den gewöhnlichen Schulatlantibus leistet, d. i. einen allgemeinen Begriff von dieser weitläuftigen Wissenschaft verschaffen zu helfen. Insonderheit habe folgende Absichten zu erreichen mich bemühet. 1. daß die Historie nur auf einem Bogen dargestellet würde, indem
das Zusammenkleben mehrerer Bogen, aller Sorgfalt der
Buchdrucker und Buchbinder ohngeachtet, selten, ja fast
niemals die genaue und richtig zutreffende Uebereinstimmung der Linien verstattet, die doch bey dieser Art von
Hülfsmitteln unentbehrlich ist. 2. Nächstdem habe das
Landchärtenformat wegen der mehrern Größe, und gröf-
fern Bequemlichkeit der Bogen den übrigen vorgezogen,
weil alsdenn diese Tabelle entweder in die gewöhnlichen
Schulatlantes geheftet, oder als eine einzelne Charte gebraucht, und nebst andern an eine Wand aufgehänget oder
sonst genutzet werden könte. Wenigstens habe bey diesem
Puncte, die Einrichtung unsers Pädagogii im Gemüthe
gehabt, nach welcher in den geographischen Classen eine
Vorbereitung zur Historie, und in den historischen Classen, eine Wiederholung der Geographie angestellet wird.
3. Bey der Historie selbst habe alle Haupttheile derselben
nemlich die Fundamentalhistorie des A. und N. Testaments; das merkwürdigste aus der Völkerhistorie;
die Kirchen- und Gelehrtenhistorie zusammenfassen wol-

A 5   len,

len, weil keine derselben ausgeschlossen werden darf, wenn
man einen allgemeinen Begriff vom Ganzen zu erlangen
bemühet ist, zumal auch ein Theil durch den andern eher
erläutert werden kan, wenn sie beysammen stehen, als
wenn sie aus verschiedenen Bogen zusammen gesucht werden müssen. Diesen einzelnen Haupttheilen sind wiederum
besondere Columnen gegeben worden, damit man sich von
einem jeden Theile insonderheit, eine, obgleich kurze, doch
völlige Vorstellung machen könne. Der Kirchen-und Gelehrtenhistorie, wie auch vielen Reichen in der Völkerhistorie sind um deßwillen ihre besondern und eigenthümli-
chen Periodi gegeben worden, weil es eines theils die Sache an sich erfordert, und es anderntheils eine merkliche
Unvollständigkeit in den meisten historischen Compendiis
ist, daß man gewöhnlicher Weise nur von der einigen Jüdischen und Römischen Kayserhistorie Periodos antrift,
und die Periodos der andern Theile vergeblich suchen muß.
4. Zuletzt ist meine Hauptabsicht und vornehmster Endzweck auf die Chronologie, und auf die Erlernung des
noch schwerern Synchronismi gerichtet gewesen; damit man dadurch in den Stand gesetzt werden möchte,
leicht zu übersehen, was sich zu gleicher Zeit in der weltlichen, Kirchen-und Gelehrtenhistorie rc. zugetragen habe. Um der Chronologie willen, laufen die Linien vor einer jeden Columne herunter und um des andern willen,
gehen sie gerade durch.

§. 5. Die Erreichung aller dieser Absichten hat mehr
Mühe und Zeit gekostet, als anietzo beym schnellern An-
blick dieses Bogens, vielleicht glaublich seyn möchte. Die
Verfertigung des Papiers nach Landchartenformat ist noch
den wenigsten, aber das Setzen und Drucken ist desto mehr
Schwierigkeiten und Uebungen unterworfen gewesen. Es
ist nicht zu viel, wenn ich versichere, daß eine jede Columne, um des wichtigen Synchronismi willen mehr als 3, 4
bis 5 mal habe umgesetzt werden müssen. Es sind auf den
5 Columnen mehr als 40 gerade durchlaufende Linien,
welche eben so viel besondere Räume oder Fächer ausma-
chen.

chen. Die einzelne Räume oder Linien haben mit einer jeden von den übrigen 39 Linien verglichen, und alſo mehr als anderthalbtauſend Vergleichungen angeſtellet werden müſſen. Denn bald war in einem Raume mehr, als in den vier gegenüber ſtehenden, bald war weniger drinnen, als drinnen ſeyn ſolte, und meiſtentheils reichte der Platz in der Länge nicht zu. Daß ferner eine ganz neue Einrichtung der Preſſe zum Drucke dieſer Tabelle erfordert worden, werden alle diejenigen ſchon zum voraus vermuthen, welche nur einige Kenntniß der Druckerey haben, und wiſſen, wie ſelten es ſey, daß ein Bogen von dieſer Gröſſe in den Druckereyen bearbeitet und rein abgedruckt werden könne. Solte nun aber dieſe ganze Arbeit von einiger Brauchbarkeit ſeyn; ſo iſts billig, daß ein groſſer Theil davon derjenigen Officin zugeſchrieben werde, die aller Schwierigkeiten und häuffigen Hinderungen ohngeachtet dieſe Tabelle völlig zu ſtande gebracht hat.

§. 6. Nach dieſen allgemeinen Erinnerungen werden noch einige Anmerkungen in Abſicht einer jeden Columne hinzugefügt werden müſſen, wenn nur vorher gemeldet habe, daß die lateiniſche Schrift oder Buchſtaben, ſo wol um der mehrern Aehnlichkeit mit den Landcharten, als auch um der Erleichterung beym illuminiren, und vornemlich um der Gewinnung des Raums willen gewählet worden, indem vermittelſt dieſer Schrift faſt ein Drittheil mehr Sachen auf dieſen Bogen gebracht werden können, als ohne dieſelbe möglich geweſen wäre.

Auf der erſten Columne iſt die ganze Fundamentalhiſtorie des Alten und Neuen Teſtaments, oder die Hiſtorie des Volks GOttes und der Römiſchen Kayſer von Adam an, bis auf den jetzigen R. Kayſer Franciſcum I. enthalten. Der Name einer Fundamentalhiſtorie iſt nicht ungewöhnlich, und dieſe beyden merkwürdigen Hiſtorien ſchicken ſich auch wegen ihres groſſen Zeitraums am beſten dazu, daß ſie zuerſt tractiret, und als ein Fundament der Vergleichung mit andern Hiſtorien angeſehen werden. Zugleich iſts gut, heilſam und nöthig, daß die

Jugend

Jugend gleich, so bald sie diese Wissenschaft zu treiben anfängt, einen völligen Begriff von dem ersten Jahre der
Welt an, bis auf das jetzige Jahr erhalte, und nicht von
der Römischen Kayserhistorie an fange. Die Erfahrung
bestätigt es, daß es besser wäre, sie hätten noch nichts ge-
lernet, als daß sie sich durch die Namen der Kayser welche
gemeiniglich nur aus den drey ersten Säculis pflegen genommen zu werden, ein Bild von der Historie formiren,
welches einer geköpften Person nicht unähnlich siehet.
Denn nachher ists gar zu schwer, daß sie die erste verstüm-
melte Idee wieder los werden, und an deren statt einen zu-
sammenhängenden Begriff, worauf es doch nothwendig
angefangen werden muß, erhalten. Diesen Punct werde
nachher noch weiter erläutern.

§. 7. In der Historie des Volkes GOttes habe mit
Vorbedacht wenigere Hauptperiodos gesetzt, als in den neuern Compendiis zu seyn pflegen, und recht gerne hätte sie
noch mehr verkürzt, wenns möglich gewesen wäre. Man
findet daß die Jugend leichter 5 Periodos behalte, wenn
gleich einige derselben wiederum kleinere Abschnitte haben,
als wenn diese letzteren mit unter die Zahl der Hauptperioden gesetzt, und diese dadurch vervielfältiget werden.
Da aber diese Tabelle darauf eingerichtet ist, daß sie bey
allen gewöhnlichen Compendiis, und entweder als eine Einleitung oder als ein Auszug derselben, gebraucht werden
könne; so wirds leicht seyn, die hier befindlichen grössern und
kleinern Periodos durch einige Zeichen in eine Uebereinstimmung mit demjenigen Compendio zu bringen, welches
in jeder Schule zum Grunde gelegt ist. Die Geburts- und
Sterbejahre der Erzväter vor der Sündfluth und einiger
anderen habe, so wol um des wenigen Raums, als auch
daher weggelassen, damit die Jugend sie selbst aus der heiligen Schrift, oder auch aus der Universalhistorie des
sel. Hrn. Insp. Freyers aufsuchen und hinzufügen könne,
denn es ist überall nöthig, sie selbst zu beschäftigen. Eben
dieses gilt von den Richtern über das jüdische Volk. Von
den Königen über Juda habe gleichfals nur die Anfangs-
jahre

jahre ihrer Regierung bemerkt, weil das Ende derselben leicht aus den Anfangsjahren der Nachfolger ergänzt werden kan. Die Könige über Israel sind sämmtlich mit veränderter, nemlich Cursivschrift gedruckt, weil sie sämmtlich GOtt mißfällige Regenten gewesen; und die Könige über Juda die nicht besser waren, wie sie, sind mit Cursivversalien, die bessern aber mit Antiqua-Capitälchen, und die, welche anfänglich gut, und hernach böse waren, gleichfalls mit veränderter Schrift gedruckt worden, welches auch umgekehrt gilt. Von den Jahren der Regierung beyderseitiger Könige gibt die vorgedachte Universalhistorie unsers sel. Hrn. Insp. Freyers hinreichende Nachricht. Die Römische Historie ist eine so viele Jahre unter sich begreifende und so wichtige Historie, daß von ihr nothwendig ein ganzes Bild, obgleich nur im Schattenrisse, entwerfen müssen. Und daher kommts auch, daß ihr erster grosser Periodus, der noch in die Zeit des Alten Testaments gehört, daselbst besonders abgesetzt, und durch die Illumination noch deutlicher vorgestellet ist. Sie trit erst in ihrem andern Hauptperiodo, nemlich unter den Kaysern in die Stelle der Fundamentalhistorie, und daher beziehet sich der Buchstab B. sowol auf den ersten Periodum der eigentlichen Römischen, als auch auf den andern Theil der Fundamentalhistorie des Alten und Neuen Testaments. Die Kayser, welche die Hauptverfolgungen gegen die Christen ergehen lassen, sind wie die unwürdigen Könige über Juda, mit Cursivversalien bezeichnet worden. Das Ausrucken in den Namen *Trajanus* und *Septimius Severus* zeigt den Anfang eines neuen Jahrhunderts an. Die Regierungsjahre sind hier, weils der Raum zugab, vollständiger, als bey den Jüdischen Königen angezeigt, und hätte es möglich seyn wollen; so würden auch die Kayser so unter einander gesetzt seyn, als Caroli M. Nachfolger. Dis kan aber ein jeder Anfänger selbst verrichten, zumal es gar keine Schwierigkeit macht, eine Reihe Namen und Jahrzahlen unter einander zu setzen. Da auch für die griechischen oder orientalischen und türkischen

Kays

Kayser, Platz übrig geblieben; so habe sie nach ihren Claſ=
sen und Perioden beygefügt. Man kan sie gleichfalls un=
ter einander, und in eine Vergleichung mit den gegenüber
stehenden occidentalischen Kaysern setzen. Dieses Absetzen
und die eigene Beschäftigung dabey, wird diese erste Co=
lumne vornemlich brauchbar machen. Von den Haupt=
periodis der Kayserhistorie muß das obige wiederholen,
daß sie nemlich aufs allgemeinste abgefaßt sind, und eben=
falls leichtlich in eine Uebereinstimmung mit denen Com=
pendiis gebracht werden können, welche zum Grunde ge=
legt sind.

§. 8. Die andere Columne, welche die Historie der
merkwürdigsten Völker betrift, ist eine der schweresten,
sonderlich wegen der Zeit von 3000=4000. Die Anmer=
kungen habe sowol zur Ausfüllung des Raums, als wegen
ihrer Nothwendigkeit beydrucken lassen. Die Monarchien
sind in der bürgerlichen Historie des Alten Testaments die
merkwürdigsten, daher sie sämmtlich beygebracht habe.
Für die übrigen Reiche war kein Raum vorhanden, sonst
hätte die Perioden der ägyptischen und griechischen Historie
gern stehen lassen, zumal sie schon abgesetzt waren. Vom
Gebrauch dieser alten Historie werde hernach noch ein
Wort hinzufügen. Im Neuen Testamente habe eine Art
einer kleinen Chronic gemacht, weil es nicht möglich war,
die verschiedenen jetzo blühenden Reiche besonders abzuse=
tzen. Dazu gehört eine Specialtabelle. In manchen Räu=
men aber, in denen 3, 4, 5 bis 7 Zeilen übrig waren, ha=
be doch eine kleine Anzeige der Hauptperioden einiger an=
jetzo merkwürdigen Reiche beygebracht. Diese kleine Chro=
nic habe, ausser ihrer eigenen Nothwendigkeit, vornemlich
zum Behuf der Kayser=Kirchen=und Gelehrtenhistorie ab=
gefasset.

§. 9. Die Kirchenhistorie, welche auf der dritten Co=
lumne stehet, hat, so wie die Gelehrtenhistorie, ihre eigen=
thümlichen Periodos erhalten, weil es beyde Theile wehrt
sind, daß man sich ein eigenes Bild von ihnen formire.
Im Alten Testament stehen die historischen und Lehrbücher

der

der heiligen Schrift nach ihrer Zeitfolge und Zeitbegriff:
die Zeit der prophetischen läßt sich aus der Zeit der Weiß
sagungen der Propheten abnehmen. So stehet z. E. hin=
ter Jona 3170 welches das Jahr ist, da er zu weissagen
angefangen. Wüßte man ihre Sterbejahre; so hätte sie
gern hinzugefügt. Im N. Testament habe auf die vor=
nehmsten Lehrer hauptsächlich gesehen, welche nach ihren
Sterbejahren angezeigt sind. Vornemlich habe, so viel
man wissen können, auf die Ausbreitung der christlichen
Religion acht gehabt, und das merkwürdigste in den Ver=
änderungen der Kirche hinzugethan.

§. 10. Die Gelehrtenhistorie, welche auf der vierten
Columne befindlich, und wie (§. 9.) gedacht, wichtig genug
ist, besonders betrachtet zu werden, hat ihre besondern Pe=
riodos erhalten. Die ersten habe aus J. A. Fabricii Ab=
risse rc. genommen, und die andern zum theil selbst entwer=
fen müssen. In der alten Historie sind bey den griechischen
Weltweisen die vornehmsten philosophischen Secten, und
im Neuen Testament die drey Alter der scholastischen Phi=
losophie, bemerket worden. Ueberall habe das Sterbejahr
angemerkt, wo mans nur finden können. Um Augusti Zeit
aber sind nur die Jahre angezeigt, in denen die nahmhaft
gemachten Gelehrten berühmt gewesen.

§. 11. Die fünfte Columne, welche Merkwürdigkeiten
enthält, ist eines theils zur Ergänzung der vorhergehenden,
und andern theils zur Bemerkung derjenigen Stücke be=
stimmt, welche in den 4 ersten Columnen nicht füglich bey=
zubringen waren. Es sind zwar nicht viele; doch werden
sie einem Lehrer leicht dazu dienen, seine Untergebene durch
einzelne Erzählungen wieder zu ermuntern, wenn das vor=
hergehende solte zu trocken gewesen seyn. Die Namen und
die Zeit derer im Cornelio Nepote beschriebenen Feldherrn
habe mit Vorsatz angezeigt, und die Millenarios und Sæ-
cula nach den Benennungen, die man ihnen gegeben hat,
mit beydrucken lassen, weil dadurch manches erläutert
werden kan.

§. 12.

§. 12. Die vorher (§. 6#11.) gegebenen Erläuterungen, beziehen sich auf den allgemeinen Gebrauch dieser Anfangsgründe. Das besondere, so noch dabey zu bemerken übrig seyn möchte, bestehet in folgenden Stücken: 1. Man richte sich nach der verschiedenen Beschaffenheit derer, die in dieser Wissenschaft unterrichtet werden sollen. Haben einige derselben schon einen allgemeinen Begriff von der Historie; so fange man gleich diese Tabelle mit ihnen vornehmen, und ihre Ungewißheit befestigen. Haben sie aber denselben noch nicht; so glaube, daß eine andere Beschäftigung vor der tabellarischen vorhergehen müsse. Man mache nemlich einen Auszug aus den Haupttheilen der Historie; sehe noch nicht auf Periodos, sondern merke nur das wichtigste an, woraus sich hernach wirkliche Periodi ergeben werden; bringe dieses in einen kleinen Zusammenhang, der sich aber von Erschaffung der Welt bis auf unsere Zeit erstrecken muß; lasse ihn nicht grösser seyn, als daß er höchstens in einer kleinen halben Stunde ganz durchgelesen werden könne, und wiederhole selbigen öfters, aber allemal ganz, damit sie von den Hauptsachen erst eine gute Idee bekommen, und führe sie nachher in die eigene Entwickelung dessen, was zur Biblischen, zur Weltlichen, zur Kirchen und zur Gelehrtenhistorie gehöret, und nehme darauf die Tabelle selbst zu Hülfe, als welche alles dieses noch weiter aus einander setzet.

§. 13. Den Abriß, den zu diesem Zwecke S. 15. flg. entworfen habe, kan ein jeder nach seinen Absichten und nach der Beschaffenheit seiner Anvertrauten erweitern oder noch mehr abkürzen, oder auch vieles in den Ausdrücken ändern, je nachdem es nützlich und nöthig befunden wird. Aber das eine wird mir abermals und angelegentlich zu wiederholen erlaubt seyn, daß man entweder diesen oder einen ähnlichen Abriß oft und allemal ganz, nemlich vom Anfange bis ganz zu Ende durchlesen lasse, weil es einen gar ungemein grossen Vortheil bringet, gleich in die Connexion der Geschichte; in die Kenntnis dessen, was vorhergehet und nachfolget;

und

und in die Einſicht des Synchroniſmi oder der Dinge, die ſich zu gleicher Zeit zugetragen haben, hineingeführet zu werden. Hiemit ſchaft man der Jugend einen unglaublichen Vortheil. Wie wichtig derſelbe ſey, läßt ſich ſelbſt aus den Klagen nicht weniger Männer abnehmen, die Zeit und Mühe im Ueberfluß auf die Geſchichte verwendet haben; aber es doch ſehr bedauren, daß ſie nicht zeitig genug in die Erlernung des Zuſammenhangs der ganzen Geſchichte geführet worden. Man macht in der That aus einer Aue eine Art von Wüſte, oder verkehrt den Frühling in Winter, wenn man die Hiſtorie ohne Verbindung lernet; durch dieſe aber wird eine trockene, dürre Gegend in ein Gefilde verwandelt, deſſen Fruchtbarkeit und Nußen nur in der Erfahrung empfunden, immer vermehret, verſchönert und erweitert wird. Um nun der Jugend das allgemeine Bild von der Hiſtorie noch mehr einzudrucken, ſind alle diejenigen Mittel nüßlich und am vorzüglichſten, bey denen ſie ſelbſt Hand anlegen müſſen. Und dis kan auf mehr als eine Art geſchehen. Man hats gut gefunden, daß ſie nach ihren Fähigkeiten etwas davon ins lateiniſche überſetzen, oder es blos abſchreiben, oder einen noch kürzern Auszug ſelbſt machen, oder andere Uebungen darnach vornehmen müſſen. Ein jeder Lehrer wird darin das beſte und bequemſte leicht ſelbſt finden, und ſeinen Anvertrauten nach Maaßgabe ſeiner Umſtände und ihrer Fähigkeit glücklicher forthelfen können, als es demjenigen vorzuſchlagen möglich iſt, der beydes nicht genau kennet.

§. 14. Wenn nun der vorgedachte Abriß wohl gefaſſet iſt: ſo wirds 2. gut ſeyn ihnen den Begriff der Hiſtorie, und ihre verſchiedene Eintheilung beyzubringen, welches beydes auf der andern Columne in der erſten Anmerkung befindlich iſt. Und wenn dieſes gleichfalls gefaſſet iſt, alsdenn 3. zur nähern Abhandlung der eigentlichen Fundamentalhiſtorie fortzugehen, und alſo die erſte Columne ſelbſt vorzunehmen, und auf derſelben zuerſt die Hiſtorie des Volkes GOttes nach den Hauptpe-

B   riodis,

riodis, und so bald es seyn kan, die Kayserhistorie gleich=
fals nach den Hauptperiodis abzuhandeln, ohne bey die=
ser letzten die Verbindung mit der alten römischen Ge=
schichte zu vergessen. Alsdenn kan man einen jeden Pe=
riodum dieser beyden Historien wiederum besonders vor=
nehmen, den Hauptinhalt derselben zeigen, die Jahrzah=
len bemerken, als welches höchstnöthig ist, und die Ju=
gend entweder den ersten und letzten oder wenns seyn kan,
mehrere, und endlich alle Namen mit den Jahrzahlen er=
lernen lassen. Und damit auch hiebey ihre eigene Hand
dem Gedächtnisse zu statten komme; so können sie, wie
oben (§. 12.) gedacht, die Namen und Jahrzahlen derer
Personen, die in dem Periodo vorkommen, unter und
neben einander setzen; auch könten die vornehmsten Na=
men unterstrichen werden. Das Absetzen der Namen,
daß sie nemlich der Zeitfolge nach unter einander geschrie=
ben werden, ist in den meisten Columnen anzurathen, in=
dem es der Platz auf der Tabelle nicht anders zugelassen,
als sie in einer Reihe auf einander folgen zu lassen. Diese
unter einander gesetzten Namen und Jahrzahlen können
hernach, wenn die andern Namen neben diese gesetzet
worden, nützlich mit einander verglichen werden. Die
erste Vergleichung kan mit den Jüdischen und Israeliti=
schen Königen vorgenommen werden, bey welchen letzten
nur denjenigen Jahrzahlen gegeben sind, die ein neues
Jahrhundert angefangen haben. Wenn diese Könige ne=
ben einander abgeschrieben sind: so kan man leicht ge=
wahr werden, welche von ihnen zu gleicher Zeit gelebet
haben. Um die Historie des Volks GOttes und der
Römischen Kayser faßlicher zu machen, kan bey der er=
sten etwas aus der Kirchenhistorie des Alten Testaments
und aus der Völkerhistorie, und bey der andern eben=
fals aus der andern und dritten Columne etwas weniges
eingestreuet werden.

§. 15. Wenn dieses zum Grunde geleget ist: so kan 4.
die Historie der Monarchien hinzugefüget werden;
wobey es abermal nöthig ist, daß die Könige in den drey
neuen,

neuen, aus der alten Aßyrischen Monarchie entstandenen Reichen, eben so neben einander abgesetzt und verglichen werden, als bey den Jüdischen und Israelitischen Königen geschehen war. Diese Beschäftigung muß immer zunehmen. Es müssen nemlich die Jüdischen und Israelitischen Könige, oder auch jene allein abermals mit diesen dreyerley Königen in Vergleichung gesetzet, und diese nachher durch Hinzusetzung der ersten Römischen Könige vergrössert werden. Wo ein neues Jahrhundert angehet, muß eine Linie durchgezogen werden, damit der grössere Synchronismus, der in dieser Gegend der Tabelle tausend Jahre unter sich begreiffet (welches auf dem Papier mit einer doppelten Linie angezeigt werden kan) in viele kleinere, die nur hundert Jahre unter sich begreiffen, gebracht werde. Die Persischen Könige können wiederum mit der Jüdischen, und hernach mit der Römischen Historie, und ihren Veränderungen verglichen werden rc. wobey beständig etwas weniges aus der Kirchen- und Gelehrtenhistorie, wie auch aus den Merkwürdigkeiten mit eingestreuet werden kan, damit sie unvermerkt des ganzen Synchronismi mächtig werden. 5. Die kleine Chronic, die auf der andern Hälfte dieser andern Colümne befindlich ist, sollte eigentlich denen zur Wiederholung dienen, welche die bürgerliche Historie bereits erlernet haben. Da aber das merkwürdigste aus einem jeden Jahrhunderte hier zusammengefaßt ist; so wirds der Jugend Nutzen seyn, auch dieses zu wissen.

§. 16. Nun ist noch 6. nöthig, daß die Kirchen- und Gelehrtehistorie hinzugethan werde. Man handelt eine nach der andern ab, und vergleicht sie beyderseitig mit einander, nachher vergleicht man diese beyden Columnen mit der ersten, andern und fünften. Die Abhandlung muß überall zuerst kurz seyn, hernach wird sie mit Vortheil weitläuftiger. Wird dieser Weg umgekehrt; so führet er am allernächsten zur Verwirrung. Hat die Jugend, so zu reden, nur erst rechte

B 2   Fächer,

Fächer, und weiß, wohin diese oder jene Begebenheiten zu bringen sind; so läßt sich hernach, ohne Confusion zu befürchten, ein jedes Fach weitläuftig genug ausfüllen. Mit einem male lernet ohnehin niemand eine Wissenschaft, geschweige denn eine so weitläuftige, wie diese ist, aus: wobey ein sorgfältiger Lehrer, sonderlich zu Anfang, würklich mehr auf das denkt, was er jetzt nicht sagen, als was er sagen will. Von den Kirchenlehrern und gelehrten Männern, sonderlich im Neuen Testamente, wolte nur noch gedenken, daß, wo ein neues Jahrhundert angehet, der erste Name immer herausgerucket ist, damit durch dieses Herausrucken, die gegenüber stehende Jahrzahl, und also das neue Jahrhundert merklicher in die Augen falle. Die Merkwürdigkeiten auf der fünften Columne brauchen eben keiner besondern Abhandlung, indem das meiste aus denselben, bey der vorhergegangenen Abhandlung der vier ersten Columnen, schon wird beygebracht seyn.

§. 17. Wenn auf diese Weise die ganze Tabelle abgehandelt, wiederholet und durchgefragt ist; so wirds nützlich seyn, eine vollständige Wiederholung des Synchronismi, durch die ganze Tabelle hindurch, anzustellen; und zuerst den Raum vom Jahr der Welt 1 bis 2000; hernach von 2000 bis 3000; von 3000 bis 4000 u. s. w. besonders vorzunehmen, und auch ausser der Reihe einen merklichen Zeitraum nach dem andern zu wiederholen. Ist dieses alles glücklich geendiget; so wird die Jugend mit sichern und unfehlbaren Nutzen, in die weitere Abhandlung der Geschichte geführet werden können. Alsdenn aber wirds auch gut seyn, sie in gewissen dazu ausgesetzten Stunden in die Wiederholung der Tabelle zurück zu führen, indem dabey eins dem andern die Hand bietet. Es könten diesen, zwar unvorgreiflichen, aber doch gegründeten Vorschlägen zum Gebrauch dieser Tabelle, noch wol einige beygefüget werden; weil sie aber ein jeder Lehrer nach Beschaffenheit seiner Anvertrauten, und ein anderer

rer nach seinen besondern Umständen, leicht selbst finden
kan; so entziehe mich ihrer weitern Anführung. Nur
einer Kleinigkeit wolte noch gedenken. Sie betrift die
Linien, welche zum Behuf des Synchronismi von der
rechten zur linken Seite gerade durchgehen. Sie sind
zart und fallen auf den illuminirten Exemplaren nicht
so stark in die Augen, als auf denen die nicht illumi-
nirt sind. Man kan sie aber leicht merklicher machen,
und dadurch der Illumination selbst, welche um der
Abwechselung bey der Jugend, und um der Erleichterung des Lesens willen gewählet worden, eine gröffere
Verschönerung geben. Weil es nemlich lauter leichte
und helle Farben sind; so braucht man nur einige Fe-
dern voll grüne und rothe Tinte zu nehmen, und damit
die Linien in den grünen und rothen Feldern zu unter-
streichen, als wodurch eine sehr merkliche Erhöhung der
Linien selbst erfolgen wird. Um diese Erhöhung noch
vollständiger zu machen, kan man auch die langen Linien, welche die ganzen Felder einschliessen, ebenfalls
mit einem gleichen Striche einfassen. Diese Arbeit wird
bey einem einzelnen Exemplare nicht schwer fallen: es
würde aber der Preiß der illuminirten Bogen zu hoch
gstiegen seyn, wenn diese Unterstreichung und Einfas-
sung, die gar nicht nothwendig ist, zugleich hätte mit besorgt werden sollen. Solten auch einige eine andere Illumination, oder neben ihrem illuminirten Exemplare,
auch ein solches verlangen, auf welchem die Farben nach
dem Synchronismo abwechselten, denen können die unil-
luminirten Bogen dazu dienen; wie denn auch unsere
Buchhandlung für eine Anzahl Bogen, welche auf eine
besondere Art Schreibpapier abgedruckt sind, gesorgt hat,
indem die Wahl und der Geschmack gewöhnlich nicht ei-
nerley sind.

§. 18. Zu dem, was sowol von der Absicht und Einrichtung, (§. 4-11.) als auch vom Gebrauch dieser Tabelle (§. 12-17.) angeführet worden, weiß nichts erheb-
liches mehr hinzuzusetzen: es müßte denn noch eine klei-

ne

ne Anzeige von Schriften seyn, welche nachgelesen wer=
den könten. Solten diese gesucht werden; so wird
man eine schöne Anzahl derselben· in der Universalhi=
storie des sel. Hrn. Insp. Freyers antreffen, welches
Buch überhaupt als eine Auslegung dieser Tabelle ge=
braucht werden kan. Aus J. Hübners ersten und an=
dern Theile läßt sich viele Nachricht in Absicht der
beyden ersten Colümnen der Tabelle nehmen. In Be=
tracht der ganzen alten Zeit wiederhole die Anzeige der er=
läuterten Geschichte der alten Zeiten und Völker 2c. de=
ren schon in den Vorreden, welcher in der Vorerinnerung Er=
wähnung geschehen, gedacht habe. In der Kirchenhistorie
kan Heinsii, und des Hrn. Prof. Reinharts Einleitung;
und in der Gelehrtenhistorie Hrn. Pr. J. Andr. Fa=
bricii Abriß 2c. wie auch Hrn. J. Bruckers Fragen
aus der philosophischen Historie und von allen über=
haupt Imhofs historischer Bildersaal, der auch un=
ter dem Titul: Historiensaal, nachgedruckt worden,
zu rathe gezogen werden. Es brauchts aber so vieler
Schriften nicht, wenn man auf die Tabelle allein siehet,
als wozu die zuerst angezeigte Universalhistorie hin=
reichend ist.

§. 19. Ich eile zum Beschluß dieser Blätter, welche
wegen des kleinen Drucks, der nur um der Zusammen=
fassung mehrerer Sachen willen, gewählt ist, schon man=
chem Leser werden zu lästig gefallen seyn. Doch muß
noch einer Sache gedenken. Ich habe nemlich bey al=
ler angewandten Mühe und bey allen angestellten Ver=
suchen dennoch für die neuere Zeit oder für die Jahre
seit der Reformation bis hieher, keinen grössern Raum
herausbringen können, als den, den sie erhalten haben.
Anfänglich wolte noch einige Zusätze entwerfen; al=
lein weil sie nur wenige Namen und Sachen hätten ent=
halten können, und die mittlere und alte Historie eben
dergleichen würde nöthig gehabt haben; so habe die=
sen Vorsatz, der ohnehin eigentlich in eine Specialta=

belle

belle gehöret, fahren laſſen, und mich begnüget, meine
vornehmſte Abſicht, daß nemlich dieſe jetzige Arbeit einer
Generalcharte ähnlich werden ſolte, zu erreichen.
Ob auch gleich alle Bemühung angewendet worden, die
Druckfehler aufs ſorgfältigſte zu vermeiden; ſo darf doch
nicht hoffen, daß ſie würklich alle vermieden ſind. Selbſt
während der Zeit, daß ein ſorgfältigſt corrigirter Bogen
unter die Preſſe gebracht wird, entfällt ein Buchſtab, oder
wird verſetzt, welches man alsdenn erſt gewahr wird,
wenn es zu ſpät iſt. Man kan ſich aber leicht, wenn irgend wo ein Zweifel vorfallen ſolte, aus der mehrmals
angeführten nähern Einleitung in die Univerſalhi-
ſtorie, helfen.

§. 20. Die geneigten Urtheile, welche bereits einige
verehrungswürdige Männer über dieſe Tabelle gefället
haben, laſſen mich hoffen; daß ſie nicht ganz unbrauch-
bar ſeyn werde. Das Verlangen welches einige von
ihnen, nach einigen Specialtabellen von der Völker-
Kirchen - und Gelehrtenhiſtorie geäuſſert haben, iſt
freylich ſehr gegründet, und wünſchte ich meines Theils
zur Erfüllung deſſelben etwas beytragen zu können.
Nach einem vorläufig gemachten Ueberſchlage, könnte
die Völkerhiſtorie aus 2 Bogen beſtehen, auf deren einem die Reiche vor Chriſti Geburt, und auf dem andern die nachherigen befindlich wären, und ein dritter
Bogen könte die Hiſtorie der Churfürſten und altfürſt-
lichen Häuſer enthalten. Die Kirchenhiſtorie müßte auch
wol aus 3 Bogen beſtehen, auf deren einem die Hiſtorie des Alten Teſtaments nebſt der Hiſtorie des Hei-
denthums; auf dem andern die Hiſtorie des Neuen Teſtaments bis auf die Reformation, und auf dem dritten die Hiſtorie ſeit der Reformation bis auf unſere
Zeiten, oder die neuere Kirchenhiſtorie befindlich wäre.
Die Gelehrtchiſtorie könte ohngefähr auf 2 Bogen gebracht werden, welches denn einen Beytrag zu einem
kleinen hiſtoriſchen Atlante abgeben könte. Vielleicht

findet

findet sich ein anderer, oder auch mehrere, die eben diese angezeigten, oder ihnen doch ähnliche Specialtabellen als nützlich erkennen, und sich entschliessen, sie aus-
zuarbeiten, und durch diese Beyträge diejenige Erleichterung zu vermehren, welche der Jugend so wol, als auch
denen, die einzelne Stücke der Geschichte wiederholen
wollen, verschaffet werden soll. Wenigstens gehört zu
dergleichen Ausarbeitungen, zumal wenn sie von einer
Person allein besorgt werden sollen, eine nicht geringe
Zahl von Monaten und Tagen, deren Zumessung doch
jederzeit und allein in der Hand des HErrn stehet, Und
nächstdem möchten vielleicht Specialtabellen keinen stär-
kern Abgang finden, als die Specialhistorien, daher es
bey den nicht geringen Kosten so dazu erfordert werden,
keiner Buchhandlung zu verdenken ist, dabey so lange
Anstand zu nehmen, bis sie erst überzeugt ist, daß die
Kosten nicht vergeblich und zu ihrem eigenen Schaden angewendet werden. Solten indessen einige, welche mit
unserer Buchhandlung, auch wegen der Universalhistorie
des sel. Hrn. Insp. Freyers in Bekanntschaft stehen,
glauben, daß sie dergleichen besondere Ausarbeitungen
mit Nutzen, und in mehrerer Anzahl brauchen könnten,
die werden derselben gelegentlich einige Nachricht davon
zukommen lassen.

Wenn es indessen nur GOtt gefällt, diesen jetzigen Beytrag zu segnen, und ihn zum Vortheil der Jugend und anderer gereichen zu lassen, so ist mein Wunsch
und Endzweck völlig erreichet. Halle im Königlichen
Pädagogio den 1 Octobr. 1757.

Kurzer

* * * * * * * * * * * * * * * *

Kurzer Abriß
des Zusammenhangs der ganzen Historie.

GOTT, der den Himmel mit allem seinem Heere, und die Erde mit allen ihren Creaturen geschaffen, brachte am letzten Tage der Schöpffung noch ein Geschöpf hervor, das herrlicher und edler, als alle vorhergehende mit aller ihrer Schönheit und Herrlichkeit, seyn solte. Er gab ihm eine vernünftige Seele und schuf es nach seinem eigenen, hohen und göttlichen Bilde: es solte eine Gleichförmigkeit mit GOtt und den Besitz der größten Glückseligkeit haben, und beides auf seine Nachkommen forterben. Er nennte es Adam oder Mensch und dieser nennte seine Ehegenossin Eva. Diß sind die allererſten Menschen, auf der ganzen Erde, und die Stammeltern von allen, die nachher geboren sind. Beide lebten glücklich in Eden oder im Paradiese, das am wahrscheinlichsten in Asien, nicht weit vom persischen Meerbusen, gelegen war. Nicht lange nach ihrer Erschaffung wurden sie durch Verführung eines feindseligen, von GOtt abgefallenen Geistes, dem Gebote GOttes ungehorsam, oder Sünder. Das Bild GOttes in ihnen, oder die Gleichförmigkeit mit GOtt, und die damit verbundene Glückseligkeit ging verloren, und an deſſen ſtatt trat eine Gleich-

B 5   för-

förmigkeit mit dem unseligen Geiste, dessen Stimme sie mehr, als GOttes Stimme gehorchet hatten, in die menschliche Seele ein. Der Fluch GOttes traf sie und die Erde, die ihnen zur Wohnung gegeben war. Sie erbten eine verdorbene Gemüthsfassung auf ihre Nachkommen, und daher läßt sich zum voraus vermuthen, wie die Thaten, Handlungen und Geschichte der Menschen, die von ihnen abstammen, beschaffen seyn werden. Der erbarmende GOtt aber faßte den Entschluß, denen unglücklich gewordenen Menschen eine Errettung und eine solche Hülfe zu geben, dadurch sie wieder zu der Gleichförmigkeit mit ihm und zu dem Besitz einer noch grössern Glückseligkeit gelangen könten, als selbst die war, die sie verloren hatten. Er verhieß ihnen einen Erlöser, wodurch eine neue Schöpfung gewirkt werden solte; und die nachfolgenden Zeiten machten es offenbar, daß dieser Erlöser niemand geringeres, als sein einiger eingeborner Sohn war, und seyn konnte. Alles was auf Erden und in der Geschichte der Menschen gutes gefunden wird, kommt von ihm und durch ihn. Diese grosse Verheissung wird mit Recht das erste Evangelium genennet, und ist hernach mehrmals und immer deutlicher wiederholet worden.

Die eben gedachten beyden Stammeltern des menschlichen Geschlechts wurden bald nach ihrem Sündenfalle aus dem Paradiese verwiesen, und baueten die Erde mit Kummer, den ihnen allein die Versicherung wegen der verheissenen Versöhnung erleichtern konte. Ihre Nachkommen waren ihrem natürlichen Bilde ähnlich. Ihr erster Sohn hieß Cain, der,

der, da er erwachsen, seinem frömmern Bruder Abel ermordete. Die Menschen vermehrten sich, und bewohnten die Erde, und wahrscheinlich mehr, als einen Theil derselben. Die Bosheit und die Entfernung vom Ebenbilde GOttes wuchs mehr, als die wahre Gottseligkeit, welche aber doch in einem hohen Grade in Henoch wohnete, der in einem göttlichen Leben dreyhundert Jahr verblieb, und von GOtt hinweg genommen wurde. Sein Sohn Methusalah, ist daher merkwürdig, weil ihm nur 31 Jahre fehleten, um völlige 1000 Jahr gelebt zu haben. Von den Geschichten der ersten Zeiten und Menschen ist wenig Nachricht vorhanden. Man findet Nachricht von Städten, aber nicht von Reichen, die sie gestiftet haben. Seths Nachkommen, der an Abels Stelle kam, werden Kinder GOttes, und die von Cain, Kinder der Menschen genennet.

Nach und nach werden einige Künste erfunden, die theils zur Nothdurft, theils zur Ueppigkeit angewendet werden. Man weiß wenig von diesen ersten Geschlechtern der Menschen. Das aber ist gewiß, daß ihre Ueppigkeit, Verkehrtheit und Bosheit so groß wurde, daß GOtt ein neues und schreckliches Denkmal seiner Gerechtigkeit stiften mußte. Er vertilgte das ganze aus der Art geschlagene Menschengeschlecht durch eine allgemeine Ueberschwemmung, die wegen ihrer Veranlassung Sündfluth, genennet wird, und bewahrte nur den einigen Noah, mit seinen Kindern, weil er ein frommer Mann war, in einem Schiffe, dessen Plan er selbst gemacht hatte.

Jahr hatte. Dieſer erſte Untergang der Welt oder die
der Sündfluth geſchahe, da die Welt 1656. Jahre alt
Welt war. Noah wurde in ſeinen 3 Söhnen Sem,
1656 Cham, und Japhet der andere Stammvater des
nachher und bis jetzo lebenden menſchlichen Ge-
ſchlechts. Dem erſten unter dieſen dreyen wurde
die groſſe Verheiſſung von dem künftigen Erlöſer
wiederholet, und dem ohngeachtet folgten nachher
einige von ſeinen, und faſt alle Nachkommen der
andern, falſchen Begriffen von GOtt, woraus neben
der wahren Religion, die Vielgötterey und das ganze nachfolgende Heydentum mit allen ſeinen ver-
ſchiedenen Geſtalten, entſprungen iſt. Ohngefähr
100 Jahre nach der Sündfluth wurden die Welt-
theile unter des Noah Söhne und ihre Nachkommen zertheilt. Sie hatten bisher in Aſien, und
vornehmlich in der Gegend von Meſopotamien ge-
wohnt, von da ſie in alle andere Länder, namentlich
in Europa und Africa nach und nach zerſtreuet
wurden. Der babyloniſche Thurmbau, die Verwirrung der Sprachen, und die Errichtung der erſten
Städte und Königreiche, zu welchen letzten ſonder-
lich das babyloniſche und aſſyriſche in Aſien,
und das aegyptiſche in Africa gehöret, ſind ſo
merkwürdig, als die Namen Nimrod, Aſſur und
Mizraim, welche Nachkommen von Sem und
Cham ſind: Von den übrigen kleinern Reichen iſt keine Nachricht vorhanden.

2000 Unterdeſſen war die Welt 2000 Jahr alt geworden, als aus Sems Nachkommen, ein unver-
gleichlicher Mann, Namens Abraham geboren
wurde.

wurde. GOtt selbst führte ihn mitten aus Asien oder aus Chaldäa, nach Palästina oder Canaan, welches Land nachher seinen Nachkommen, die unter dem Namen der Kinder Israels bekant sind, gegeben wurde. GOtt errichtete mit ihm einen Bund und wiederholte ihm die Verheissung von dem Erlöser der Welt, eben damals da er seines einigen Sohns, Isaac, nicht schonete, sondern ihn auf göttlichen Befehl opfern wolte. Diese Verheissung wurde seinen Kindern und Nachkommen mehr als einmal und immer deutlicher versichert. Von den Begebenheiten, die sich in den kleinen Reichen und übrigen grossen Welttheilen zugetragen, ist nichts glaubwürdiges vorhanden. GOtt hatte, wie gedacht, Abrahams Nachkommen, die auch Hebräer genennet werden, dazu ausersehen, daß aus ihnen der Welt=Heiland herkommen solte, und aus dieser Ursache ist es ein vor allen andern Völkern des ganzen Erdbodens ausgezeichnetes und sehr merkwürdiges Volk worden. Jacob, Isaacs Sohn und Abrahams Enkel, kam mit seinen Kindern durch eine besondere Begebenheit, die sich mit seinem ruhmwürdigen Sohne Joseph zugetragen hatte, aus Palästina nach Aegypten (2298). Seine Kinder und Nachkommen wohneten einige 100 Jahre daselbst, und mußten in den letzten Jahren überaus viele Drangsale ausstehen. GOtt that ein ausserordentliches und mehr als ein Wunder an diesem Volke, das er um des Nutzens der übrigen Menschen willen, zu seinem besondern Volke erwählet hatte. Andere Völker der Erde hatten Könige,

oder

oder andere Regierungsformen; über die Kinder
Israel aber führte er die Regierung selbst, welches
die Theocratie genennet wird.

2500   Die Welt war etwas über drittehalb tausend
13 Jahr alt, als diese Israeliten von GOtt durch Mo=
sen, aus Aegypten, durchs rothe Meer und durch
Arabien, nach Canaan, welches das ihnen ge=
lobte Land war, geführet wurden. Bisher war
noch kein geschriebenes Gesetz auf der Welt ge=
wesen, sondern GOtt hatte unmittelbar mit den
Menschen geredet, und seinen Willen durch münd=
liche Ueberlieferungen fortpflanzen lassen. Aus Lie=
be zu den Menschen, und zu ihrer mehrern und un=
trüglichen Gewißheit, ließ er sein Gesetz aufschrei=
ben, und offenbarete seinen Willen und die Vor=
schriften für die Wohlfart der Menschen nach und
nach. Diese einzelnen Offenbarungen des Willens
GOttes sind sorgfältig bewahret und bis auf unsere
Zeit in dem unschätzbaren Buche, welches mit Recht
die heilige Schrift oder die Bibel, heisset, auf=
behalten worden. Die erste Bewahrung dieser Of=
fenbarungen wurde dem Völke Israel anvertrauet;
bey welchem auch der Levitische Gottesdienst,
der eine Vorbildung des christlichen Gottesdienstes
war, gleich nach ihrem Ausgange aus Aegypten,
eingerichtet wurde. Die Israeliten kamen nach ei=
ner Reise von 40 Jahren nach Canaan, welches in
12 Theile unter sie so vertheilet wurde, wie ohnge=
fähr vormals das Sachsenland in verschiedene Linien
eingetheilet worden. Unter der Zeit daß die Kin=
der Israel nach Canaan reiseten, und einige Zeit
vor=

vorher, gingen einige andere aus Aegypten und Asien, nach Griechenland und Kleinasien, und errichteten daselbst (wie die Europäer in America) einige Colonien und kleine Königreiche, die nach und nach mächtig wurden. Inachus, Ogyges, Cecrops, Teucer, Deucalion, Dardanus, Cadmus und mehrere sind als Häupter solcher Colonien merkwürdig.

Nach Mosis und Josuä Tode bekam das Volk Israel Richter, unter deren Regierung sie über 300 Jahre, nehmlich von ohngefähr 2600 bis 2909 stunden. In diesem Zeitraume wurden die kleinen Königreiche in Asia, Africa und Europa mächtiger; sonderlich wurde in Asia, das Babylonische und Aßyrische Reich mit einander verbunden, woraus die erste Monarchie entstund (2707.), in welcher die Namen, Belus, Ninus und Semiramis die berühmtesten sind. Der Krieg der Griechen gegen Troja, und die Zerstörung dieser Stadt (2820.) machte den Namen der Griechen bekant. Gleich darauf kam Aeneas von Troja nach Italien, und legte in der Entfernung den Grund zu dem nachher so mächtig gewordenen Römischen Reiche.

Das Volk Israel versündigte sich mehrmals an GOtt zur Zeit der Richter, und daher kamen seine öftern Dienstbarkeiten. Endlich wurden sie gar des hohen Vorzugs müde, unter der höchst eigenen Regierung GOttes zu stehen; sie verlangten einen irrdischen König und bekamen ihn in der Person Sauls eben zu der Zeit, da die Athenienser die irrdischen Könige abschaften, und ihren Abgott Jupiter

piter zum Könige über sich machten (2909). Von
dieser Zeit an hörten die Richter auf, an deren statt
Könige über Juda und Israel aufkamen.
David und sein Sohn Salomo sind die merkwür=
digsten Regenten in diesem neuen Reiche. Der er=
ste ist durch seinen göttlichen Sinn und recht königs=
liche Eigenschaften; und sein Sohn durch die gros=
se Weisheit, welche ihm auf sein Gebet vom HErrn
geschenkt war, und zugleich auch dadurch so be=
rühmt worden, daß er dem HErrn einen Tempel
erbauete, der im levitischen Gottesdienst der Juden
so sehr merkwürdig geworden. ▲

3000 Die Welt war gerade 3000 Jahre alt, da die=
ser Bau fertig wurde. In Salomons Reiche blü=
heten die Künste und Wissenschaften, welche in den
andern Reichen und Welttheilen, Aegypten und
Chaldäa ausgenommen, kaum begonnten aufzukei=
men. Nach Salomons Tode theilte sich sein
Reich ins Königreich Juda und Israel.
Die Geschichte von beyden sind in der heiligen
Schrift aufbehalten; die Geschichte der andern
Länder und Reiche sind dunkel, fabelhaft und unge=
wiß bis auf die Olympische Zeitrechnung, wel=
che 3228. anfängt und noch deutlicher wurde, da
bald nachher die grossen Veränderungen in Asia und
Europa vorgingen. Es zerfiel nemlich in Asien, die
grosse Aßyrische Monarchie, in welcher Sar=
danapalus der letzte gewesen, in 3 neue Reiche,
nemlich ins Medische, neue Aßyrische und neue
Babylonische (3257.) und ein Jahr vorher wur=
de in Europa namentlich in Italien, die Stadt
Rom,

Rom, durch Romulum und Remum (3256) erbauet. Aus dieser Stadt wurde nachher eine Republic, und darauf ein Reich, das unter den irrbischen Reichen an Grösse seines gleichen nicht gehabt hat.

Seit diesen Veränderungen scheint die Erde eine andere Gestalt gewonnen zu haben. Solcher Veränderungen werden noch mehrere folgen. Griechenland, das aus Aegypten und Chaldäa die Gelehrsamkeit geholet hatte, fing an, in ein grosses Aufnehmen zu kommen, und in seinen vielen kleinen Staaten, worunter Athen und Lacedämon die vornehmsten waren, nicht wenig berühmt zu werden. Die Länder die ans Mittelländische Meer stossen, wurden durch Schiffahrt und Handlung bekannter und bevölkerter. Das Volk Israel aber achtete die Stimme GOttes, die Drohungen und Verheissungen nicht, die er ihm so oft durch unmittelbare Boten oder besondere Propheten ankündigen ließ: es sündigte fort und zog sich schreckliche Strafen zu. Es wurden zuerst die Stämme Israel und einige Zeit darauf die Stämme Juda und Benjamin nach Aßyrien und Babylon in die Gefangenschaft geführet (3398), welche letztere 70 Jahr daurete, und hiemit hörte das Königreich Israel und Juda auf. Die neue Babylonische Monarchie neigte sich aber auch während dieser Gefangenschaft zu ihrem Untergange. GOtt nahm das Reich von Belsazer und gab es Cyro oder Cores, dem Persischen Könige (3468). Mit ihm fängt die Persische Monarchie an, und er ent-

C   läßt

läßt das Jüdische Volk aus seiner bisherigen Ge, fangenschaft. Die übrigen aus Juda kamen wieder nach Jerusalem, und fingen an, den andern Tempel zu erbauen (3469) wobey die grosse Verheissung gegeben wurde, daß er stehen solte, bis der allgemeine Weltheiland, dessen Ankunft immer näher heranruckte, in demselben erschienen sey. Das Volk blieb den Persischen Königen unterthan, und wurde von Fürsten und Hohenpriestern regieret. Bald darauf veränderte Rom seine ganze Regierungsform, schaffte die Könige ab, und setzte 3500 Burgemeister ein, eben da die Welt 3500 Jahr gestanden hatte.

Die unglücklichen Kriege der Persischen Könige mit Griechenland lehrten, wie schlecht für ein Land gesorgt sey, wenns in Ueppigkeit und Weichlichkeit versenkt wird. Die Griechen aber wurden durch ihre Siege von neuem bekant, deren Name durch alle Arten von Künsten, Wissenschaften und Gelehrsamkeit, die sonderlich von 3400 t 3700 u. f. f. bey ihnen blüheten, noch berühmter wurde. Ein König aus Griechenland oder eigentlich aus Macedonien, Alexander, der wegen seiner Thaten der Grosse genennet wird, machte sich durch den gänzlichen Umsturz der persischen (3674) und durch Errichtung der griechischen Monarchie berühmt. Sein schnell zusammengebrächtes Reich, zerfiel noch schneller in viele kleine Reiche, die seine Generals errichteten, worunter das asiatische, das neue macedonische, das ägyptische und das syrische die bekantesten sind. Das letzte sonderlich

that

that dem Jüdischen Volke und Gottesdienste uner=
hörte Drangsalen, vornemlich in der Person An=
tiochi Epiphanis an, dem sich aber die Mac=
cabäer mächtig und glücklich widersetzten, und seit
3840 die Regierung dieses Volks besorgten. Das
Römische Reich war nach den Punischen Krie=
gen, die sich mit der Zerstörung der Stadt Cartha=
go (3859) endigten, wie ein aufgehaltener Strom,
und riß so viele andere Reiche an sich, daß nicht nur
alle an dem ganzen Mittelländischen Meere gelege=
ne Staaten, sondern noch viel mehrere als diese, un=
ter seine Herrschaft kamen. Diese Monarchie
wurde die größte unter allen, die je gewesen sind.
Sie fiel nach und nach durch ihre eigene Grösse, da
sie aufhörte eine Republic zu seyn und in ein Kay=
sertum verwandelt wurde. Die Künste und Wis=
senschaften wurden rühmlich daselbst getrieben, und
standen unter der Regierung Augusti, der seit
3973. der erste in der Reihe der Römischen Kayser
war, in grossem Ansehen; die guten Sitten aber
wurden desto mehr hintangesetzt. Ueberhaupt sa=
he es auf der Erde in Betrachtung des Gemüts
und der Seelen der Menschen höchst elend aus.
Die Heiden lagen in der äussersten Blindheit und
in einer so unbegreiflichen Abgötterey, daß an ihnen
nicht zu erkennen war, daß sie ihren Ursprung von
dem heiligsten und vollkommensten Wesen genom=
men hatten: und bey den Juden, die seit 3957.
unter der Herodianer Herrschaft gerathen, wurde
der wahre Gottesdienst durch unzählige Menschen=
satzungen und eigenwillige Lehren so verunstaltet,

C 2　　　　daß

daß die Schönheit der Religion, die ihnen GOtt selbst vorgeschrieben hatte, fast nicht mehr kenntlich war. In dieser bejammernswürdigen und höchstbedürftigen Verfassung der Welt, erschien Johannes und bald nach ihm die Engel des HErrn und verkündigten die Geburt und das Amt des grossen, allgemeinen Weltheilandes, des Meßiä oder Christi, dessen viel bedeutender Name JESUS genennet wurde. Der levitische Gottesdienst, der ihn und sein Amt in Vorbildern bezeichnet hatte, hörte nun auf, da er, der wahre Sohn GOttes, als das eigentliche Gegenbild selbst gekommen war. Diese allerwichtigste Begebenheit unter allen auf Erden nur möglichen Begebenheiten, geschah, da seit der 4000 Schöpfung der Welt völlige 4000 Jahre verflossen waren. Er lehrte den Weg, und war selbst das Mittel, in die erste ursprüngliche Vereinigung und Gleichförmigkeit mit GOtt wieder versetzt und ewig glückselig zu werden: er erfüllete das erste Evangelium, und alle nachher gethanen Verheissungen, und starb aus Liebe zu den Menschen, und zur Versöhnung der Sünden der ganzen Welt, da er etwas über 33 Jahr sichtbarlich auf Erden gewandelt hatte. Durch diesen Tod wurde das Alte Testament, oder der alte Bund GOttes geendiget, und das Neue Testament, oder der neue Bund, den GOtt mit den Menschen machte, nahm seinen Anfang. Nach seiner Auferstehung von den Todten und bald nach seiner Himmelfahrt, wurde die andere grosse Verheissung des Alten Testaments, die er selbst so oft mündlich wiederholet hatte, erfüllet.

Der

Der heilige Geist und seine gnadenvollen Würkungen wurden den Menschen zu ihrer Besserung zu Theile und in einem ausserordentlichen Grade über die Personen ausgegossen, welche dieser göttliche Erlöser bestellet hatte, die erfüllte Versöhnung zu verkündigen, und die Menschen zur Annahme der ihnen wieder erworbenen Glückseligkeit einzuladen. Diese Lehrer, welche wegen ihrer Verrichtungen Apostel genennet werden, liessen keinen Ort der Erde mit der Verkündigung des Evangelii von Christo unbesucht. Viele von den Juden erkannten nun den wahren Sinn des levitischen Gottesdienstes in der christlichen Religion, und noch mehrere Heiden verliessen die Abgötterey und nahmen die unschätzbare Einladung an, durch den allgemeinen Weltheiland GOttes Kinder zu werden. Die christliche Religion breitete sich auf dem ganzen Erdboden aus, wovon die nächste Folge diese war, daß verschiedene Gemeinen oder Kirchen in mehrern Ländern errichtet und mit Lehrern und Aufsehern versehen wurden. Augustus, der erste Römische Kayser, der am Ende des Alten und im Anfange des Neuen Testaments gelebt hatte, war bereits verstorben, und sein Nachfolger Tiberius regierte, als der Sohn GOttes den Tod erdultete, und die grossen und glücklichen Veränderungen angehen ließ, deren eben gedacht ist. Tiberii Nachfolger, die Heiden waren, waren auch zugleich Feinde der wahren Religion, deren Annahme ihnen doch selbst so nützlich gewesen wäre. Es ergingen über die kaum gegründete Kirche viele Verfolgungen, un=

B 3 ter

ter welchen zehen rechte Hauptverfolgungen
waren. Das Jüdische Volk hatte indeſſen dem
größten Theile nach, die groſſen Vorzüge und Wohlthaten GOttes von ſich geſtoſſen, ſich ſo gröblich an
GOtt verſündiget, und ihm und ſeiner Vorſchrift
zuwieder ſeine alte Verfaſſung beybehalten, daß der
HErr ein ſchrecklich Exempel ſtiftete, daß er ſich
nicht ſpotten und die Ehre ſeines Sohnes nicht un-
geſtraft beleidiget werden laſſe. Er ließ ihr Land,
Stadt und Tempel zerſtöret, ihre ganze politiſche
Verfaſſung zu Grunde gerichtet, und ſie ſelbſt in alle Länder zerſtreuet werden, in denen ſie noch bis
jetzo zum Beweiſe der heiligen Gerechtigkeit GOttes und der wahren Richtigkeit der chriſtlichen Religion umhergehen. Diß groſſe Gericht erging über
ſie, da 70 Jahre nach der Geburt Chriſti verfloſſen
waren. Die Apoſtel des HErrn hatten indeſſen
die Gemeinen mündlich und ſchriftlich gelehret. Die
ſchriftlichen Belehrungen, welche ihnen gleichfals
durch den Geiſt GOttes eingegeben waren, und die
Wahrheiten der chriſtlichen Lehre enthalten, wurden
geſammlet, und machen die **Bücher des Neuen
Teſtaments** aus, welche bis auf unſere Zeiten un-
verſehrt erhalten ſind. Das Römiſche Reich neigte ſich während dieſen Begebenheiten durch innerli-
che Zerrüttungen immer mehr zum Untergange. Es
waren 300 Jahre nach Chriſti Geburt verfloſſen,
als endlich ein **Römiſcher Kayſer, Conſtanti-
nus der Groſſe, die chriſtliche Religion**
ſelbſt annahm, und ſie in ſeinem Reiche öffentlich beſtätigte. Hiedurch bekam die damals le-
bende

Jahr
CHr.
300.

bende Kirche äusserliche Ruhe; sie fing aber auch
nicht lange nachher an, von der ersten Lauterkeit und
dem Ernste der alten Christen abzuweichen, und
nach und nach mehr auf das äussere im Gottesdien=
ste, als auf den Dienst GOttes im Geist und in der
Wahrheit zu sehen. Die Gelehrsamkeit, die seit
Augusti Zeiten allgemach abgenommen, kam nach
Constantini Tode in einen noch grössern Verfall.
Theodosius der Grosse theilte das grosse Rö=
mische Reich ins Morgen= und Abendländi=
sche, und beschleunigte damit, wider seinen Vorsatz,
desselben Schwächung. Er war nicht lange tod,
als abermals recht erstaunenswürdige Veränderun=
gen schnell auf einander und sonderlich in Europa
erfolgten. Es schien als wenn dieser Welttheil
ganz umgekehrt und ein Land ins andere versetzt wer=
den solte. Gothen, Alanen, Sveven, Van=
dalen, Burgunder, Hunnen, Franken, Sach=
sen, Wenden, und nachher Longobarden und
mehrere, deren Namen man vorher nie gehöret hat=
te, machten sich aus ihren bisher bewohnten Län=
dern, deren Grenzen man bis jetzo noch nicht genau
weiß, auf; gingen in andere Länder; nahmen sie
ein; und errichteten daselbst neue Reiche, die zum
Theil noch anjetzo stehen, unter denen Spanien, Jahr
Frankreich und England die wichtigsten sind. Chr.
Diese grosse Begebenheit wird die Völkerwande= 400.
rung genennet, die sich im fünften Jahrhundert 500.
nach Christi Geburt, und also beynahe in dem Zeit= Jahr
raume zutrug, da die Erde fünftehalb tausend Jah= der
re alt war. Bis daher waren die Völker in Asien Welt.
f C 4 und 4500

und Africa bekannter, als die Europäischen; seit
dieser Zeit aber werden diese letzten bekannter, und
jener Geschichte dunkler. Die fremden Völker
theilten sich in die Länder des Römischen Reichs
in Europa, welches in der Person Romuli Mo-
mylli Augustuli, des letzten Römischen Kaysers,
völlig unterging. Durch diese Veränderung
gingen die Künste und Wissenschaften größtentheils
verloren, und die christliche Religion litte noch mehr
als jene. Die Zahl derer, die sich um die Reinig-
keit der Lehre und Heiligkeit des Lebens bekümmer-
ten, nahm ab, und destomehr wuchs die Anzahl derer, die allerhand irrige, seltsame und selbsterwählte
Lehren, Uebungen und Handlungen erdachten, und
unter dem Schein einer göttlichen Vorschrift einfüh-
ren wolten. Die Kirchen oder Gemeinen, die in denen
zu den 3 Welttheilen gehörigen Ländern und Städten errichtet waren, hatten bisher ihre Lehrer und Bischöfe gehabt, die sie besorgten; einige aber unter diesen letzten, sonderlich in den grossen Städten, Rom,
Constantinopel, Jerusalem, Antiochia und Alexandria
fingen an, mit einander zu streiten, wer unter ihnen der größte wäre, oder nach unserer Art, wer
unter ihnen der grösseste Generalsuperintendent und
das Haupt der übrigen seyn solte? gleich als hätten
sie nicht genug zu besorgen gehabt, wenn sie Acht hätten auf sich selbst, und auf die Gemeinen, die ihrer
Besorgung anvertrauet waren. Diese Begierde, die
der Vorschrift des einigen Hauptes der Kirche, und
der ganzen Einrichtung der christlichen Religion so
sehr zuwider ist, artete nach und nach in ein solch
fürch-

fürchterlich und schrecklich Uebel aus, dessen gleichen
in der Kirche nie gewesen, und dem bis jetzo noch
nicht völlig abgeholfen ist. Die Gemeinen in Antio=
chia, Jerusalem und Alexandria hörten eine nach der
andern zusamt ihren Bischöfen auf: die beyden aber
in Rom und Constantinopel blieben übrig und
setzten den Streit um den Vorzug fort. Endlich leg=
te ein griechischer Kayser (Phocas) dem damaligen
Römischen Bischofe (Bonifacio III.) den Titul eines
allgemeinen Bischofs aus einer sträflichen Ursa=
che bey, und von dieser Zeit an haben sich die Römi=
schen Bischöfe, die hernach Päbste genannt wur=
den, einer solchen Herrschaft nach und nach
angemasset, die sich nicht nur über die Leiber und
Güter, sondern gar über die Seelen und
Gewissen der Menschen, weder Könige noch
Unterthanen ausgenommen, erstrecken solte. Diese
unnatürliche Herrschaft, wird eine geistliche Monarchie, oder mit einem Worte Hierarchie, und
der gesammte Inbegriff aller dazu gehörigen Lehren,
Uebungen, Erdichtungen und Einrichtungen das
Pabsttum genennet. Es waren 600 Jahr nach 600
Christi Geburt verflossen, als sich die vorgedachte
Begebenheit mit Phoca und Bonifacio zutrug, und
die auch das meiste zu der Trennung der orientali=
schen und occidentalischen Kirche beygetragen. Zu
diesem Uebel das in die Kirche Christi drang, kam
bald nachher noch ein anderes, das nicht weniger groß
war. Mahomed, ein schändlicher Lehrer der Lügen,
stand auf, und machte eine neue Religion, welche
in kurzer Zeit fast das ganze Morgenland durch die

E 5   Sa=

Saracenen überschwemmete, die dieselbe, wie ihre Eroberungen, durch Feuer und Schwerdt ausbreiteten. Diese Saracenen nahmen auch die ganze Küste von Africa und nachher selbst Spanien ein.

800   Unter den vielen Verwirrungen, Kriegen und Verwüstungen, zu denen ein von neuen bekant gewordenes Volk, die Türken das ihre beytrugen, richtete Carl der Große ein König der Franken, die das alte Gallien eingenommen hatten, das verfallene Abendländische Kaysertum wieder auf, und hinterließ seinen Nachfolgern einen Titul und Würde, die von der ursprünglichen Kayserwürde sehr verschieden war. Der Name eines Römischen Kaysers kam nachher an die obersten Regenten in Teutschland, ob sie gleich in Rom keine Gerichtsbarkeit haben. Carl wendete allen Fleiß an, der verfallenen Gelehrsamkeit und dem noch mehr verfallenen Christentume wieder aufzuhelfen, wozu aber, sonderlich zu dem letztern eine höhere, als eines Kaysers Kraft erfordert wurde. Der selbst erwählte Gottesdienst, und die vielen seltsamen Lehren, wovon die heilige Schrift nichts weiß, blieben nicht nur, sondern wurden auch mit Menschensatzungen und eigenwilligen Einrichtungen vermehret. Die Zahl der Klöster und Stifter nahm zu, in welche sich Schaaren von Mannspersonen, und in andere eine Menge von Frauensleuten einsperreten, in der Meinung heiliger zu seyn, wenn sie sich der menschlichen Gesellschaft entzögen (in der doch Christus und seine Apostel gewandelt hatten) und sich lieber von anderer Gaben und Aberglauben ernährten, als selbst arbeiteten.

teten. Sie machten etwas zu Gelübden, das ihre
Pflicht war, und machten sich andere Dinge zur
Pflicht, die GOtt nicht befohlen hatte. Die Gelehrsamkeit, die sich aus Europa weggezogen hatte, kam auf einige Jahrhunderte zu den Saracenen und Arabern.

Mittlerweile hatte die Welt völlig 5000 Jahre 1000
gestanden, und seit der Geburt Christi waren etwas
mehr, als 1000 Jahre verflossen, da die Römischen Bischöfe oder Päbste ihrer geistlichen Herrschaft eine solche Gestalt und Einrichtung verschaf-
ten, wofür Gemüter erschrecken müssen, die die Lehren und Vorschriften JEsu Christi, mit den Lehren
und Befehlen vergleichen, welche seitdem als göttliche Lehren angesehen und beobachtet werden solten.
Es waren zwar einige, aber wenige, in der Morgen-
und Abendländischen Kirche, welche von Zeit zu Zeit
und zwar bis zur endlich erfolgten Reformation,
diesen Lehren und Einrichtungen widersprachen, und
ob sie gleich ärger darüber gemißhandelt wurden, als
selbst in den heidnischen Verfolgungen; so wurde die
Wahrheit dennoch bezeuget, die freylich von Liebha-
bern der Lügen und Erdichtungen nicht gerne gehört,
und noch weniger geliebet wurde. Die verschlim-
merte Einrichtung der päbstlichen Herrschaft hatte
einen unglaublichen Einfluß in die ordentliche Regierung der weltlichen Reiche, und daher kommt die
traurige Gestalt, in welcher die Abendländer einen
ganzen Zeitraum hindurch, immer mit neuen und be-
trübteren Abwechselungen, erscheinen. Man fing 1100
am Ende des eilften Jahrhunderts Kriege an   die
                                                        der

der christlichen Religion zum Schimpfe gereichten,
und dazu dienen solten, den Türken das Grab wieder abzunehmen, in welches Christus gelegt gewesen
war, und bey dieser Gelegenheit sich in den Besitz
von Palästina zu setzen. Diese Kriege werden heilige Kriege oder auch Creutzzüge genennet, weil
sie zu den heiligen Oertern gerichtet, und die Krie-
ger selbst mit rothen Creutzen bezeichnet waren. Diese Züge, deren fünfe gezählet werden, haben weiter
zu nichts gedienet, als einige Millionen Menschen
ausserhalb ihres Vaterlandes und Welttheils jäm-
merlich umkommen zu lassen; - man müßte denn das
für einen Gewinn achten, der Ströme von Men-
schenblut würdig wäre, daß die übrig gebliebenen, einige Knochen und andere lügenhafte Reliquien mit
zurück gebracht hätten, denen man eine grössere Ehre, als dem unsichtbaren GOtt, erwiesen hat. Nicht
lange nachher und zum Theil noch unter diesen Kriegen mußte die Gelehrsamkeit, den Namen und die
Thorheit der **Scholastischen Philosophie** an-
nehmen. Das orientalische oder griechische Kaysertum hatte unter den vorigen Begebenheiten so viele
innere und äussere Zerrüttungen ausgestanden, daß
desselben gänzlicher Untergang nicht mehr ferne seyn
konte. Es hatte sonderlich von den Türken viele
Anfälle zu erdulden, von denen es endlich völlig zu
Grunde gerichtet und in ein **türkisches Kaysertum** verwandelt wurde. Diese Veränderung, und
die Zeit, in welcher sie sich zugetragen, ist in der Geschichte überaus erheblich.

Nun-

Nunmehr waren seit der Erschaffung der Welt 1400
beynahe 5500 Jahr; seit der Geburt des Weltheilandes bald 1500, und seit der oben bemerkten Völ-
kerwanderung gerade 1000 Jahre verflossen, als sich
auf der Erde abermals so grosse und so wichtige Veränderungen zutrugen, daß fast alles dadurch in eine
neue und von der ehemaligen ganz verschiedene Gestalt gesetzet wurde.   In Europa und namentlich
in Teutschland wurde eine verwundernswürdige
Kunst, nemlich die Buchdruckerkunst erfunden,
die wegen ihres ungemeinen Einflusses unter die
merkwürdigsten Künste zu zählen ist.   Der Umsturz
des griechischen Kaysertums, trieb einige gelehrte
Griechen nach Italien, und dieser Umstand nebst
der erfundenen Druckerey wurde ein Mittel, daß
die grosse Unwissenheit, womit Europa und fast die
ganze Erde, nunmehro über 1000 Jahr empfindlich
heimgesuchet war, vertrieben, und die Gelehrsamkeit,
die Wissenschaften, und eine ganze Reihe von schö-
nen Künsten der Welt wieder geschenkt ward, die
nachher mit vielen Erfindungen ansehnlich vermehret wurden. Nicht lange darauf wurde ein ganz neuer Welttheil entdeckt, der den Namen America
empfing, und eine unglaubliche Veränderung in denen sonst nur bekannten dreyen Welttheilen verursa-
chet hat. Bey allen diesen glücklichen Begebenheiten blieb die Europäische Christenheit unter dem Joche der Päbste und der römischen Clerisey, deren
Bosheit und lasterhaftes Leben so hoch stieg, daß
die Sehnsucht allgemein wurde, eine Reinigung
und Verbesserung in der Lehre und Leben zu haben,
weil

weil beydes fast gar keine Aehnlichkeit mehr mit der
göttlichen Vorschrift und ersten Einrichtung des
Christentums hatte. Kayser, Könige, Fürsten und
selbst einige Lehrer hatten sich 100 Jahre hindurch
umsonst bemühet, diese Verbesserung zu stande zu
bringen; einige Lehrer, wozu Johann Huß, Hieronymus von Prag, Hieronymus Savana-
rola und andere gehören, wurden so gar auf Befehl der römischen Päbste, die gleichwol Stadthal-
ter-Christi seyn wolten, darüber verbrannt. Was
aber bey Menschen unmöglich war, war bey GOtt
möglich; dessen Hand alsdenn am merklichsten ist,
wenn er durch schlechte und in den Augen der Welt
wenig bedeutende Werkzeuge eine Hülfe schaft, die
alle Menschen und alle Grosse der Erden mit aller
ihrer Macht nicht verschaffen können. Er erweckte
das Herz eines Mönchs in Teutschland, Namens
Lutherus, sich den unerhörten Beleidigungen der
Ehre GOttes und JEsu Christi zu widersetzen. Dieser griff mit dem göttlichen Worte die ganze päbstli-
che Monarchie, den selbst erwählten Gottesdienst,
und die ausschweifenden Menschensatzungen mit einem so glücklichen Erfolg an, daß viele tausend
Seelen und Gewissen der Menschen von dem Joche
und dem sclavischen Zwange, worunter sie bisher
geseufzet hatten, wieder befreyet wurden. Die heilige Schrift kam wieder in die Hände der Menschen und das Evangelium von Christo wurde frey
und lauter geprediget. Diese Reformation blieb
nicht in Teutschland allein, sondern auch in vielen
andern Ländern und Reichen brach das Licht der rei-
nen

nen Lehre durch alle bisherige Dunkelheiten und Ver=
wirrungen mächtig hindurch. In vielen andern Län=
dern aber wurde es gehemmet, welche auch noch bis
jetzo in ihrer alten unverbesserten Verfassung geblie=
ben sind. Es war das 1517te Jahr nach der Ge=
burt JEsu Christi, da diese merkwürdige Reforma=
tion ihren Anfang nahm. Sie hat in der Gelehr=
samkeit, in den Wissenschaften, in der äusserlichen
Einrichtung der Regierung, und in der Verfassung
der Staaten einen solchen Nutzen geschaft, daß man
von der Zeit der Reformation in allen diesen Stü=
cken einen neuen Periodum bemerken muß. Neben
diesem vielfältigen Guten, wurde doch Unkraut zwi=
schen den Weitzen gesäet, daher die mannigfaltigen
Trennungen gekommen sind, die zum Theil noch nicht
völlig aufgehöret haben. Unter den weltlichen Rei=
chen damaliger Zeit war das Spanische Reich
das größte, und Carl der fünfte, als Kayser und
König von Spanien und America, der merkwürdig=
ste Regent in den neuern Zeiten. Nachher wurde
Frankreich gros, und Grosbritannien merk=
würdig. 100 Jahr nach der Reformation ging in
Teutschland der traurige Krieg an, der erst nach ei=
nem 30jährigen Wüten durch den Westphäli=
schen Frieden, der für die Verfassung des teut=
schen Reichs so wichtig ist, geendiget wurde. Nach
diesem Kriege stieg die Gelehrsamkeit von neuen,
und wurde mit vielen neuen Wissenschaften vermeh=
ret, welche Vermehrungen aber seit den letztern Jah=
ren so sehr zugenommen, daß sie mit den alten Er=
weiterungen fast nicht mehr zu vergleichen sind.

Ju

In diesen letztern Jahren ist auch den Heiden die Lehre des Evangelii verkündiget; und in den entferntesten Welttheilen sind JEsu Christo einige Gemeinen aus ihnen gesammlet worden.   Zwi-
¹⁷⁵⁰ schen den Jahren 1740 · 1750. bekamen die meisten Europäischen Reiche neue Regenten, und mit ihnen neue Verfassungen.   In den letzten Jahren ist die Erde, die von so vielen undankbaren, und aller Wohlthaten GOttes ungeachtet fortsündigenden Menschen bewohnt wird, mit Erdbeben, Kriegen, Blutvergiessen, Hunger, Seuchen und andern Uebeln so heimgesucht, daß man die strafende Hand GOttes, die aber doch die Besserung der Menschen zum Zweck hat, deutlich darunter wahrnehmen muß.   Die Erde die seit ihrer Erschaffung bald 6000 Jahr, und seit der Geburt JEsu Christi bald 2000 Jahre gestanden, eilet unter diesen Zeitläuften und Gerichten den letzten Veränderungen zu; wobey aber nach göttlicher Verheissung ein neuer Himmel und eine neue Erde erwartet wird, worinnen Gerechtigkeit wohnet.